高等教育珍贵遗存：
Valuable Legacy of Higher Education:

走进安庆师范大学敬敷书院旧址 · 红楼
Former Site of Jingfu Academy and Red Building in Anqing Normal University

中国文物学会 20 世纪建筑遗产委员会　指导
安庆师范大学　编著

天津大学出版社
TIANJIN UNIVERSITY PRESS

谨以此书献给为建设并传承
中国 20 世纪建筑遗产作出贡献的人们

敬敷书院旧址西立面

人文学院

安徽大学红楼正立面

安徽大学红楼西立面光影

安徽大学红楼门廊

Preface 序

/ 单霁翔
/Shan Jixiang

建筑遗产是人类共同创造的财富，更是现代文明进步的载体与标志。活化利用、激发文化遗产的活力，是新时代文化遗产传承创新的基本要求，也是传承和弘扬中华优秀传统文化越来越重要的途径，更有利于促进国际文化遗产的世界视野与文明交流互鉴的深化。“中国20世纪建筑遗产项目·文化系列”丛书的编撰，旨在推动中国文化遗产事业高质量发展，推进新时代中国文化遗产建设走向全民共识的新自觉。如今，我们可以欣喜地看到，在第八批中国20世纪建筑遗产项目推介名录发布后不久，作为中国20世纪建筑遗产项目文化系列最新成果的《高等教育珍贵遗存：走进安庆师范大学敬敷书院旧址·红楼》又得以付梓出版，它丰富了中国20世纪建筑遗产项目。

Architectural heritage, as wealth created jointly by mankind, stands as carrier and symbol of modern civilization and progress. Active utilization and revitalization of cultural heritage is not only a basic requirement of cultural heritage inheritance and innovation in the new era but also an increasingly important way to inherit and carry forward excellent traditional Chinese culture, conducive to promoting the world vision of international cultural heritage and deepening the exchange and mutual illumination of civilizations. The Culture Series of the Chinese 20th Century Architectural Heritage Project have been compiled with a view to promoting the high-quality development of Chinese heritage and fostering the new consciousness of Chinese heritage among all people in the new era. We are delighted to see the publication of

Valuable Legacy of Higher Education: Former Site of Jingfu Academy and Red Building in Anqing Normal University as the latest achievement of the Culture Series of the Chinese 20th Century Architectural Heritage Project, shortly after the release of the eighth promotion list of Chinese 20th century architectural heritage projects. This achievement has enriched the repository of the Chinese 20th Century Architectural Heritage Project.

敬敷书院旧址及安徽大学红楼于 2019 年入选第四批中国 20 世纪建筑遗产项目名录。敬敷书院旧址属典型徽派建筑群，既有以长廊为中心的对称分布特色，又有江南园林艺术的自由分布风格。安徽大学红楼建成于 1935 年，属典型对称性的单体建筑。敬敷书院为安徽省学所在，安徽大学红楼自建成起即为在此办学的学校的主教学楼。两处建筑皆因安徽高等教育事业需要而生，是安徽高等教育珍贵的遗存，也是安徽高等教育曲折发展的见证。它们百余年来薪火相传，办学不辍，具有鲜明的历史价值、文化价值和社会价值。敬敷书院旧址和安徽大学红楼坐落在安庆师范大学菱湖校区，这些建筑遗存均得到了安庆师范大学很好的维护和利用。无论是建筑遗存所呈现的安徽高等教育发展的完整性，还是建筑遗存本身保护的完整性，都是令人叹为观止的。《高等教育珍贵遗存：走进安庆师范大学敬敷书院旧址 · 红楼》一书，分《从古城安庆到敬敷书院》《弦歌不绝的安徽大学红楼》《再谱华章的安庆师范大学》3 篇，图文并茂，内容丰富，不仅细致描绘了敬敷书院旧址及安徽大学红楼特有的建筑文化，也生动讲述了此间演绎的历史事件，其世间风云、突出业绩与人文精神，均有助于讲好发生在安庆师范大学建筑遗存间的“中国故事”，通过解读延续在这片土地上的历史文脉，展现中华民族的深厚底蕴和文化自信。

The former site of Jingfu Academy and the Red Building of Anhui

University were selected into the fourth list of Chinese 20th century architectural heritage. The former site of Jingfu Academy is a typical architectural complex of Anhui style, characterized not only by the symmetrical distribution centered on a long corridor but also the free distribution style of Jiangnan garden art. The Red Building of Anhui University, built in 1935, is a typical symmetrical single building. Jingfu Academy was the site of the government-run academy of Anhui in the past, and the Red Building of Anhui University has been the main teaching building of all schools here since its completion. Both buildings were constructed for higher education in Anhui, which stand as valuable remains of Anhui higher education and witness to its zigzagging development. For over one hundred years, they have been, uninterruptedly, sites of higher learning, holding distinct historical, cultural and social values. The former site of Jingfu Academy and the Red Building of Anhui University are located on the Linghu Campus of Anqing Normal University, and these architectural remains have been well maintained and utilized by the university. Both the integrity of the development of higher education in Anhui as presented by the architectural remains and the intactness of architectural remains themselves are amazing. The book Valuable Legacy of Higher Education: Former Site of Jingfu Academy and Red Building in Anqing Normal University consists of three parts: "From the Ancient City of Anqing to Jingfu Academy", "The Red Building of Anhui University", and "Anqing Normal University". With vivid pictures and rich contents, the book not only delineates the unique architectural culture of the former site of Jingfu Academy and the Red Building of Anhui University, but also vividly tells the historical events taking place here. The historic endeavors, outstanding achievements and cultural spirit all serve to epically tell the "Chinese stories" taking place in the architectural remains of Anqing Normal University, and to demonstrate the profound heritage and cultural self-confidence of the Chinese nation by interpreting the history written on this land.

感谢安庆师范大学与中国文物学会20世纪建筑遗产委员会的使命担当，感谢编委会为编撰该书付出的辛勤劳动。安庆素有“千年古城、百年省会、文化之邦、戏曲之乡”的美誉，安庆师范大学是安徽省高等教育的发源地，全校上下正凝心聚力，为建设特色鲜明的高水平大学而努力奋斗。该书的出版，无疑为读者与安庆及安庆师范大学架设了一座桥梁。希望更多国内外学子及公众一起来了解安庆和安庆师范大学，一起为传承和建设有中国特色的建筑文化遗产作出新贡献。

Thanks to Anqing Normal University and the 20th Century Architectural Heritage Committee of the China Cultural Relics Society for their commitment, and to the editorial board for their hard work in compiling this book. Anqing is known as “an ancient city with a thousand years, a provincial capital with a hundred years, a land of culture and hometown of Chinese opera”. Anqing Normal University, the birthplace of higher education in Anhui Province, is united in the endeavor for building a high-level university with distinctive characteristics. The publication of this book has undoubtedly built a bridge for readers to connect with Anqing and Anqing Normal University. It is hoped that more domestic and international students and the public will be inspired to learn more about Anqing and Anqing Normal University and make new contributions to the inheritance and construction of architectural cultural heritage with Chinese characteristics.

特为序。

Thus I have written a preface for the book.

中国文物学会会长

故宫博物院学术委员会主任

2023 年 9 月

Shan Jixiang

President of China Cultural Relics Society

Director of the Academic Committee of the Palace Museum

September 2023

Preface 序

/ 彭凤莲
/Peng Fenglian

敬敷书院旧址和安徽大学红楼坐落在安庆师范大学菱湖校区，是安徽近现代高等教育发展中珍贵的建筑遗存，它们见证了安徽高等教育的衍生及发展演变全过程，具有极其重要的文物、历史研究价值。

The former site of Jingfu Academy and the Red Building of Anhui University, located on the Linghu Campus of Anqing Normal University, are valuable architectural remains from the development of modern higher education in Anhui. Having witnessed the whole process of the development and evolution of higher education in the province, they are of tremendous value as cultural relics and for historical research.

敬敷书院旧址是安徽近代高等教育的发祥地，安徽近代第一所高等学校“安徽大学堂”诞生于此。这里也曾是安徽近代第一所军事专科学校“安徽武备学堂”、第一所女子职业技术学校“安徽省立女子蚕桑讲习所”、安徽近代第一所经中央教育部批准备案的高等学校“安徽省公立法政专门学校”、安徽第一所省立分科大学“省立安徽大学”及安徽第一所国立综合性大学“国立安徽大学”的所在地。这里还是新中国第一所现代海军技术院校分校之一的“中国人民解放军海军联合学校第三分校”（高教性质）所在地，该校不仅培养了新中国第一代海军工程技术人员，还为朝鲜、越南培养了第一代海军军事技术人员。

The former site of Jingfu Academy is the birthplace of modern higher education in Anhui Province, where “Anhui Daxuetang”, the first college in modern Anhui, was born. Besides, it used to be the site of “Anhui Wubei Xuetang”, the first military academy in modern Anhui, “Anhui Provincial Women’ s Sericulture School”, the first women's vocational and technical school, “Anhui Public School of

Law and Political Science", the first institution of higher learning in modern Anhui Province approved by the Ministry of Education (1919), "National Anhui University" (1929), the first provincial specialized university in Anhui. Jingfu Academy was also the location of "No.3 Branch of the Chinese People's Liberation Army Naval Joint School" (higher education), one of the branches of the first modern naval technical colleges in the People's Republic of China (New China), which trained not only the first generation of naval engineers and technicians in New China, but also the first generation of naval military technicians for North Korea and Vietnam.

1897 年建院办学至今的 120 余年里，敬敷书院旧址和安徽大学红楼先后历经古代旧式书院教育—近代普通高等教育—近代军事教育—近代职业教育—现代高等教育—现代军事高等教育—中等师范教育直至现代高等师范教育的多次演变，历经 8 次办学起落，15 次校名更换，这在安徽省现存教育建筑中是独一无二的。清末至民国再到中华人民共和国成立，在此校址上，我国高等教育的发轫、演变及发展历程如此清晰地呈现，并且留下了重要历史阶段的标志性教育建筑，这在安徽省高等教育史上是绝无仅有的。这种完整的高等教育遗存，在全国高等教育史上也是不多见的。

Over the 120-plus years since the founding of the Academy in 1897, the former site of Jingfu Academy and the Red Building of Anhui University have undergone many changes, including ancient old-style academy education, modern general higher education, modern military education, modern vocational education, modern military higher education, secondary normal education and modern higher normal education. Eight schools have been opened and closed here, and the school name has been changed for 15 times, unique in all the educational buildings extant now in Anhui Province. From the late Qing Dynasty to the establishment of the People's Republic of China, the origin, evolution and development of China's higher education were so clearly presented on this site, and landmark educational buildings in an important historical stage have been so well preserved that the architectural remains are absolutely unique throughout the history of higher education in Anhui Province. Such a complete legacy of higher education is also rare in the history of higher education all over China.

众多名人学者在这里的活动使敬敷书院旧址和安徽大学红楼具有珍

贵的文化价值。敬敷书院旧址所在的这片校园在半个世纪里，一直是安徽全省最高学府所在地，曾有众多名流学者在此风云际会，演绎了许多动人的历史画面。陈独秀、潘赞化等曾在这里指导学生发动了著名的拒俄运动；徐锡麟曾在这里传播过反清革命思想；熊成基、范传甲、方振武、倪映典等爱国志士曾在这里参加革命，组织“岳王会”安庆分会；严复曾在安徽大学堂（注：时已更名为安徽高等学堂）进行过大刀阔斧的改革；何鲁在大雨中出席学生抗日救亡大会并慷慨激昂地演讲；郁达夫曾几度在这里执教，撰写了《茫茫夜》《迷羊》等多篇小说；丁绪贤、王星拱、冯沅君、朱湘、刘大杰、许杰、苏雪林、李顺卿、汪静之、陆侃如、陈望道、范寿康、周予同、周建人、赵景深、饶孟侃、姚永朴、陶因、梅光迪等一大批著名学者曾在这里传道授业。1998 年，101 岁高龄的旅台著名学者苏雪林返乡探亲，为纪念曾在这里执教的经历而写下了“梦萦故园”的题词。黄镇将军一直关注这片校园，亲笔题写校名，两度亲临学校看望师生。著名科学家杨振宁先生在学校办学百年庆典之际题写了“为安徽服务”的祝辞。

The activities of many famous figures and scholars have rendered precious cultural value to the former site of Jingfu Academy and the Red Building of Anhui University. The campus, where the former site of Jingfu Academy was located, has been the seat of the highest institution of higher learning in Anhui Province for half a century, where many famous figures and scholars have gathered here, staging many touching historic events. Chen Duxiu and Pan Zanhua guided students to launch the famous Resistance against Russian Invasion. Xu Xilin spread the anti-Qing revolutionary thought here. Patriots such as Xiong Chengji, Fan Chuanjia, Fang Zhenwu and Ni Yingdian participated in a revolution here, organizing the Anqing branch of Yue Wang Hui. Yan Fu carried out drastic reforms in Anhui Daxuetang. He Lu attended the student anti-Japanese national salvation conference despite heavy rain and delivered an impassioned speech. Yu Dafu taught here several times and wrote many novels, such as "The Night" and "Lost Sheep". Many other famous scholars such as Ding Xuxian, Wang Xinggong, Feng Yuanjun, Zhu Xiang, Liu Dajie, Xu Jie, Su Xuelin, Li Shunqing, Wang Jingzhi, Lu Kanru, Chen Wangdao, Fan

Shoukang, Zhou Yutong, Zhou Jianren, Zhao Jingshen, Rao Mengkan, Yao Yongpu, Tao Yin and Mei Guangdi have taught here. In 1998, Su Xuelin, a 101-year-old famous scholar sojourning in Taiwan, returned to visit relatives, and wrote an inscription "梦萦故园" (Dream Home) to commemorate his teaching experience here. General Huang Zhen, always concerned with this campus, inscribed the name of the academy, and visited the teachers and students twice. Mr. Yang Zhenning, a famous scientist, wrote a message of "Serving Anhui" on the occasion of the centenary celebration of the school.

百年丰厚的校园文化积淀，使这片校园，尤其是这两栋文物建筑，富含着浓郁的人文精神，有极高的纪念价值。2004 年 11 月，国家历史文化名城评审专家组来安庆市考察，2005 年 10 月国家园林城市专家组来安庆市考察，都专程考察了敬敷书院旧址和安徽大学红楼两处建筑，对两处建筑的保护现状及学校深厚的历史文化底蕴都给予了高度评价。2013 年，敬敷书院旧址和安徽大学红楼入选第七批全国重点文物保护单位。2019 年，敬敷书院旧址和安徽大学红楼又入选第四批中国 20 世纪建筑遗产名录。

The rich cultural heritage accumulated over one hundred years has rendered profound cultural spirit and high commemorative value to this campus, especially these two historic buildings. In November 2004, the national expert group for evaluation of famous historical and cultural cities visited Anqing City, and in October 2005, the national expert group for garden cities also visited the city. Both groups made a special trip to the former site of Jingfu Academy and the Red Building of Anhui University, and spoke highly of the protection status of the two buildings and the profound historical and cultural heritage of the academy. In 2013, the former site of Jingfu Academy and the Red Building of Anhui University were included into the seventh list of Major Historical and Cultural Sites Protected at the National Level. In 2019, the former site of Jingfu Academy and the Red Building of Anhui University were selected into the fourth list of Chinese 20th Century Architectural Heritage.

安庆师范大学非常重视敬敷书院以来的校史在办学中的地位和作用，在加强对两处建筑遗存修缮维护的同时，也非常重视对它们的文化发掘、研究和利用。今天，这两处建筑遗存并不仅仅是单纯的建筑，更是学校开展“文化育人”、弘扬“敬敷、世范、勤学、笃行”校训精神的独特载体。中国文物学会20世纪建筑遗产委员会具有时代使命担当，以发掘和传承中华优秀文化遗产为己任。由中国文物学会20世纪建筑遗产委员会和安庆师范大学共同编写的《高等教育珍贵遗存：走进安庆师范大学敬敷书院旧址·红楼》，不仅有利于推进安庆师范大学优秀建筑遗产的“活化利用”，对自觉推进建筑遗产新文化及现代文明，展示中华当代文化赓续不断、自觉、自信、自强的根本，也必将发挥积极作用。

Anqing Normal University attaches great importance to the position and function of the history since the inception of the Jingfu Academy. While strengthening the repair and maintenance of two architectural remains, the university also pays special attention to their cultural exploration, research and utilization. Today, these two architectural remains are not only just buildings, but also unique carriers for the university to carry out "education through culture" and carry forward the university motto of "Respectful, Exemplary, Diligent and Pragmatic". The 20th Century Architectural Heritage Committee of the China Cultural Relics Society is committed to exploring and inheriting excellent Chinese cultural heritage. Valuable Legacy of Higher Education: Former Site of Jingfu Academy in Anqing Normal University and Red Building, jointly compiled by the 20th Century Architectural Heritage Committee of the China Cultural Relics Society and Anqing Normal University, is not only conducive to promoting the "activation and utilization" of the University's outstanding architectural heritage, but also will play a positive role in consciously promoting the new culture and modern civilization of architectural heritage and presenting the enduring, conscious, confident and self-improving foundation of contemporary Chinese culture.

彭凤莲

安庆师范大学校长

2023年9月

Peng Fenglian

President of Anqing Normal University

September 2023

目录

安徽大学红楼正立面钟楼雕饰

敬敷书院内庭院

从古城安庆到敬敷书院

1.1 千年古城、百年省会、文化之邦、戏剧之乡

“万里长江此封喉，吴楚分疆第一州”，位于长江之滨的安徽省安庆市，西接湖北，南临江西，西北倚大别山主峰，东南接黄山余脉。安庆是国家历史文化名城、中国优秀旅游城市，素有“千年古城、百年省会、文化之邦、戏剧之乡”的美称。安庆，是安徽之源，是安徽高等教育的发源地。

千年古城

安庆之名始于南宋绍兴十七年（1147 年）“改德庆军为安庆军”，含“平安吉庆”之意。南宋庆元元年（1195 年）“以南宋宁宗皇帝潜邸，升舒州为旧安庆府”（旧治在今潜山梅城）。今之安庆城为距离舒州故城百里之遥的宜城渡，其地登云坡原名盛唐山，山下临江即为盛唐湾古渡口，舒州古名“盛唐郡”源于此。又相传东晋诗人、堪舆家郭璞曾登盛唐山观望长江，有“此地宜城”之语，故安庆城别名“宜城”。

安庆城始建于南宋时期。南宋嘉定十年（1217 年）金人破光山，沿边多警。安庆知府黄榦在舒州旧址“建城安庆以备战守”；后因持续战乱，安庆府于南宋端平三年（1236 年）移治罗刹洲、杨槎洲；南宋景定元年（1260 年），沿江制置使马光祖为阻止蒙古

大军从水路进攻南宋国都临安，用原舒州府城墙砖石改筑于宜城，为新安庆府（治所在今安庆市），并迁怀宁县治附郭。此地濒临长江，易守难攻。从此以后，安庆府治稳定不移，“安庆”作城市地名，并与行政区名称（府、道、专区等）相一致，沿用至今。

马光祖修筑城墙，奠定了安庆古城的基础。城墙以砖石包砌，周长九里十三步，高二丈，基宽七尺，顶宽三尺半。设城门五座：东枞阳门、东南康济门、南盛唐门（后称镇海门）、西正观门（又称八卦门）、北集贤门。元代城墙增高至二丈六尺，东、北、西三面建有护城壕，深一丈（注：里、丈、尺、步均为古代度量衡，清光绪年间规定以五尺为一步，两步为一丈，180 丈为一里，一尺相当于现代的 0.32 米，一步为 1.6 米，一丈为 3.2 米，一里为 576 米）。清顺治七年（1650 年），安庆重建城垣，砌城垛 758 个，增建炮台、火药房、窝铺等设施。清同治元年（1862 年），在旧城西部加筑一道月城，辟金保、玉虹两城门。清光绪二十年（1894 年），在金保门南增辟同安门。安庆古城总体空间结构严谨，整体性较强，既有山城错综的韵味，也可略见平原城市规整的景象。

百年省会

由于安庆水运便利，同时又是控制南京的“西大门”，故明末以来的巡抚亦持节镇守于此。清顺治十八年（1661 年），清廷将江南行省分为“江南右布政使司”“江南左布政使司”，治所均在江宁。清康熙六年（1667 年），清廷取“安庆”“徽州”二府首字，改“江南左布政使司”为“安徽布政使司”，建“安徽省”。清乾隆二十五年（1760 年）10 月 16 日，清廷将安徽布政使司治所由江宁迁至安庆府治，安庆正式成为安徽省的省会。自此有清一代除太平天国时期安徽省省会短暂迁至庐州（今合肥）外，安庆一直为安徽省会所在地。民国伊始，安徽省会仍定于安庆。1938 年初，日军由上海西进，国民政府安徽省政府将省会迁至六安。1948 年 8 月安徽省政府再次将省会迁至安庆，至 1949 年 2 月，又复迁至芜湖，安庆作为省会的历史就此落幕。

文化之邦

安庆地区历史悠久、文化昌盛。安庆是东周时期古皖国所在地，安徽省简称"皖"即由此而来，在此形成了古皖文化，为江淮文化发祥地之一。南北朝时禅宗二祖慧可南行隐居安庆境内司空山，并在此传法三祖僧璨，禅宗二祖、三祖相继在此开辟道场，安庆遂成为中国禅宗的重要发祥地。宋代安庆建府之时，正是国家处于社会大动荡、人口大流动之际。中原文化的南移，吴、楚文化

1910 年的安庆振风塔

的交融，刺激着地域文化的发展。明清时期，安庆境内的文学艺术逐渐繁荣，并一度鼎盛。以戴名世、方苞、刘大櫆、姚鼐为代表的“桐城派”是我国清代最大的散文流派，执文坛牛耳二百余年，在中国古代文学史上地位显赫，树立了中华民族传统文化中的一座丰碑。安庆还是“孔雀东南飞”“六尺巷”等众多民间故事的发生地，是京剧鼻祖——徽班成长的摇篮，是中国新文化运动先驱陈独秀、“两弹元勋”邓稼先、通俗小说大师张恨水、美学大师朱光潜、佛教领袖赵朴初等杰出人物的故乡。

古皖文化、禅宗文化、桐城派文化和戏剧文化在这里交相辉映，形成了独具特色的安庆文化。

戏剧之乡

安庆是中国国粹京剧的发源地之一。徽剧的形成融汇了西部的秦腔和东南的弋阳腔、昆腔。清乾隆五十五年（1790 年），“四大徽班”相继进京，使徽剧扎根京城，进而风靡全国，并最终发展为京剧。安庆潜山人程长庚，是促进这一发展演化的主要人物，人称“徽班领袖”“京剧鼻祖”。

安庆还是中国五大剧种之一——黄梅戏的发源地和传承地。清乾隆年间，发源于皖鄂赣交界处的采茶调传至安庆地区，后与本地方言相结合，经严凤英等老一辈艺术家的继承与发扬，逐渐形成了蜚声海内外的新剧种——黄梅戏。黄梅戏发展于安庆地区、兴盛于安庆地区。这里孕育了众多优秀的黄梅戏演员和创作人才，为黄梅戏的繁荣作出了巨大贡献。《天仙配》《女驸马》等著名曲目脍炙人口，剧中唱腔婉转动听，舞台布景精美，给观众带来了视觉和听觉上的双重享受，深受海内外广大戏曲爱好者的喜爱。

位于安徽省安庆市宜秀区罗岭镇黄梅村的严凤英故居（组图）

敬敷书院长廊旧影

2006 年 5 月 20 日经国务院批准，黄梅戏被列入第一批国家级非物质文化遗产名录。

1.2 敬敷书院

安徽省学重地

敬敷书院见证了古城安庆走向近代化的发展历程，见证了安徽近现代高等教育的发展，是安庆的历史文化名片之一。

敬敷书院是清代安徽办学规模最大、办学时间最长的一所官办书院，清顺治九年（1652 年）由操江巡抚李日芃捐资在安庆城内创办，初名“培原书院”。雍正十一年（1733 年），朝廷下令各省在省城设立一个大书院，从此这个书院的性质由捐资助学的“私立”变成了“奉旨建院”的官立“省学”。清乾隆元年(1736 年)，

安庆师范大学校史校情展览馆内展出的敬敷书院讲堂正梁（组图）

申報
第八千七百六十號
西曆一千八百九十七年九月初五日禮拜
今日出另附張不取分文
八月初九日

《申报》1897 年 9 月 5 日第 8760 号第 1 页关于敬敷书院的报道（组图）

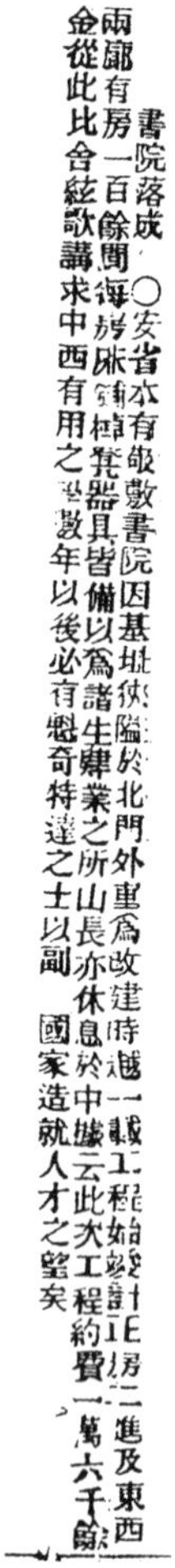
書院落成○安省本有敬敷書院因基址狹隘於北門外重爲改建時越一載工程始竣計正房二進及東西兩廊有房一百餘間每房床舖棹凳器具皆備以爲諸生肄業之所山長亦休息於中據云此次工程約費一萬六千餘金從此比舍絃歌講求中西有用之學數年以後必有魁奇特達之士以副 國家造就人才之望矣

清廷再次下谕旨，明确省城大书院的地位相当于“古侯国之学”。书院的性质与过去有了本质上的不同，“培原书院”也从此改作“敬敷书院”。“敬敷”一词出自《尚书·舜典》，意思是恭敬地布施教化。

此后的敬敷书院，均由官府一手操办。书院的山长（院长）由巡抚亲自聘定，历任巡抚及其他主要官员均兼任书院的主讲。书院每月月初由巡抚、布政使、按察使等官员轮流主讲，月中由山长主讲。山长同时总领书院事务。书院的学生主要有两类：一类是已通过“院试”的秀才，为进取“乡试”考举人而入院进修，为“月课生员”；另一类是童试及格者或“民间俊秀及官员子弟年十五以上已读孔孟四书者”，即有一定基础的童生，为“常课生童”。因敬敷书院是“省学”，历届巡抚、布政使、按察使新到任都会“倡捐”以示尊儒重学。

清末风云激荡，社会巨变，教育发展面临新形势、新要求。清光绪二十三年（1897 年），清朝安徽布政使于荫霖、按察使赵尔巽奉命在安庆北门外百子桥西（即今安庆师范大学菱湖校区现

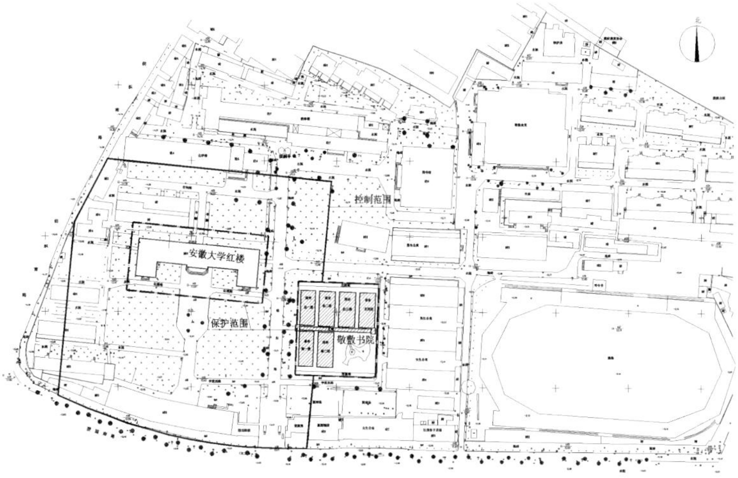

敬敷书院测绘、修缮图 1

址）营建新校舍，已有 245 年历史的著名“省学”敬敷书院迁移到现址办学，由此揭开了安庆师范大学百年办学历程的序幕。

敬敷书院在安庆师范大学菱湖校区现址办学共 4 年。安徽近代名人房秩五先生，“1898 年冬入敬敷书院读书，院试为第三名”。先后就学于敬敷书院的还有近代国画大师黄宾虹、安徽法政专门学校校长胡寅旭等。1901 年清廷实行教育维新，下诏改全国书院为学堂，省城的大书院改为省大学堂。由此，兴办前后 250 年的敬敷书院以全部校产与求是学堂合并诞生了安徽第一所近代大学——安徽大学堂，开安徽高等教育之先河。

安徽大学堂迁至城内办学后，敬敷学院旧址又相继办过安徽最早的军事教育学校（安徽武备学堂）、安徽近代第一所女子职业学校（安徽省立女子蚕桑讲习所）和安徽第一所有院系建制的分科大学（安徽省公立法政专门学校）。20 世纪 20 年代后，敬敷书院旧址上又先后办过省立安徽大学和国立安徽大学，为安徽高等教育发展作出重大贡献。

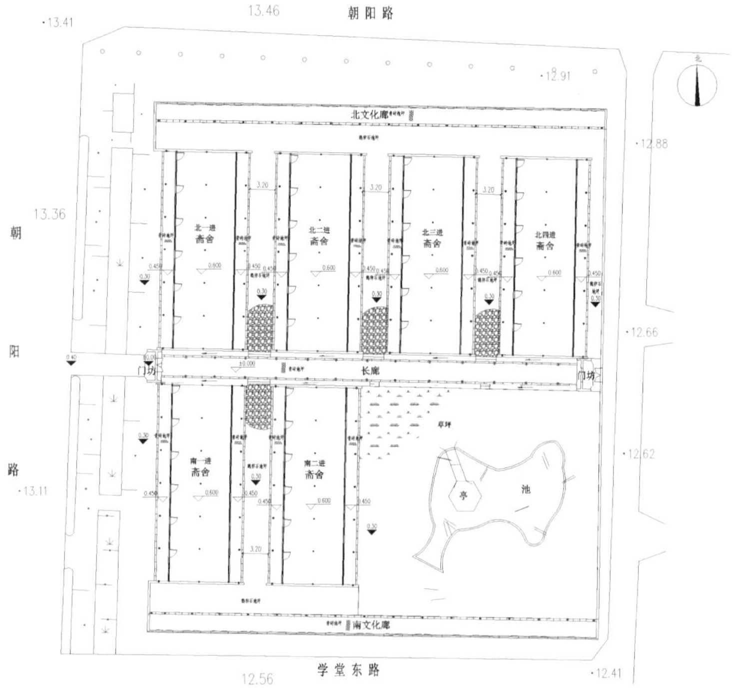

敬敷书院测绘、修缮图 2

20 世纪 30 年代书院大讲堂内景

法政专门学校大礼堂

安徽省立女子蚕桑讲习所师生合照

桐城派传承空间

“桐城派”又称“桐城古文派”。曾国藩在清道光、咸丰年间正式打出“桐城派”旗号，他在《欧阳生文集序》中说：“历城周永年书昌为之语曰：‘天下之文章，其在桐城乎？’由是学者多归向桐城，号桐城派。”桐城派以地域命名，很多重要作家皆为安庆府桐城人，但在发展过程中，桐城派作家群体及影响，在地域上超越了桐城区域，他们的作品风靡全国，享誉海内外。

桐城派的发展，经历了康乾年间的草创时期、乾隆至清道光二十年（1840 年）鸦片战争前的兴盛时期、鸦片战争后至 20 世纪初新文化运动的末流时期等三个阶段，几乎与敬敷书院办学历史相伴随。省学敬敷书院是清代安徽文化教育之中心，是“人士荟萃之区”。有清一代，安庆及敬敷书院又成为桐城派传承、发展的特殊文学空间。“桐城三祖”中的刘大櫆、姚鼐先后担任敬敷书院山长。姚鼐发展和完善了桐城派文论，为桐城派散文之集

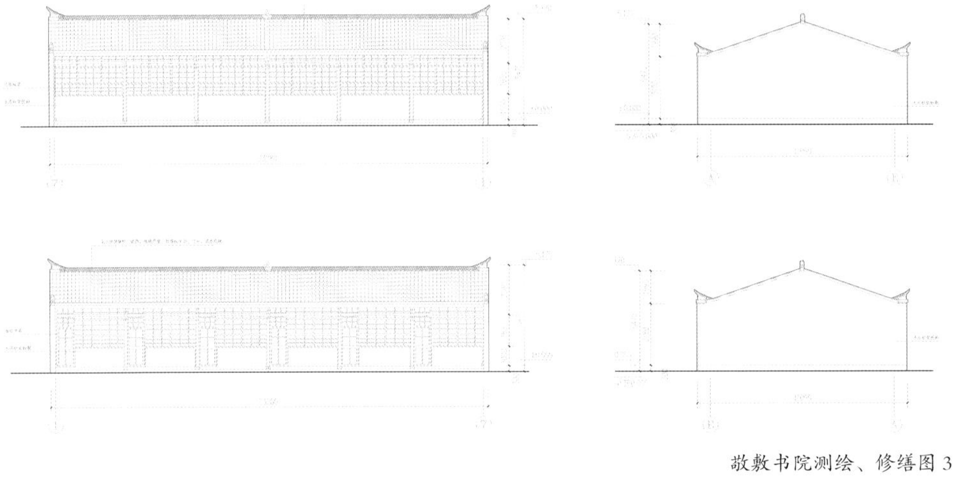

敬敷书院测绘、修缮图 3

大成者。他在清乾隆四十五至五十三年（1780—1788 年）、清嘉庆六年至十年（1801—1805 年）两度主持敬敷书院，前后达 12 年，并于书院中写下了《仪郑堂记》《庐州府治序》等许多文章。执掌敬敷书院期间，姚鼐选取了明朝隆庆万历年间到清代的诗文 251 篇，合集编成《四书文选》以“授敬敷书院诸生课读”，目的就在于让学生们阅读经史，学习文章行文的体例和方法。曾国藩私淑姚鼐，有“中兴”桐城派之功。他重建了敬敷书院，使桐

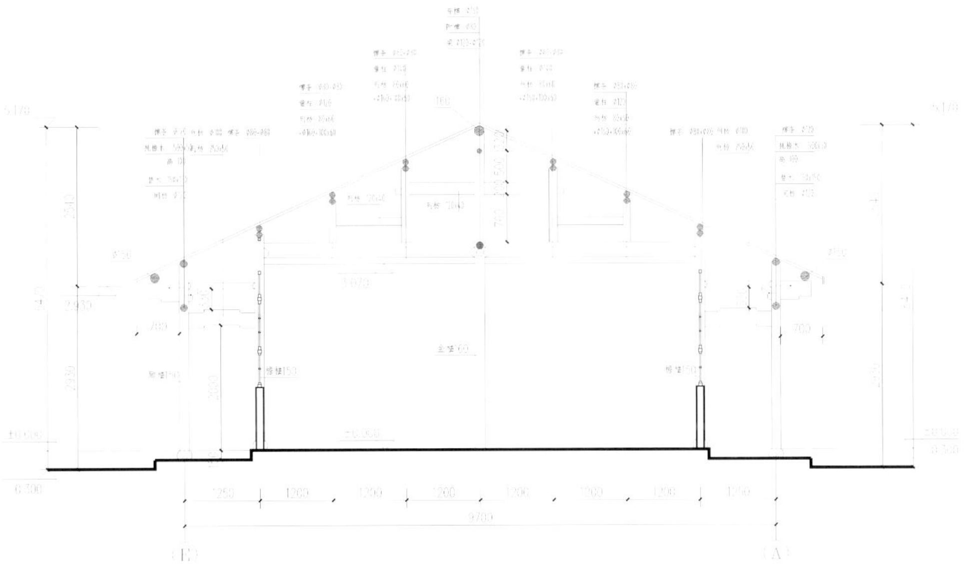

敬敷书院测绘、修缮图 4

城文脉在敬敷书院中得以赓续。在姚鼐和曾国藩的重视和影响之下，桐城派文人李兆洛、邓廷桢、吴赓枚、梅曾亮、孙衣言、汪宗沂等，或主讲于敬敷书院，或董理敬敷书院，使敬敷书院持续

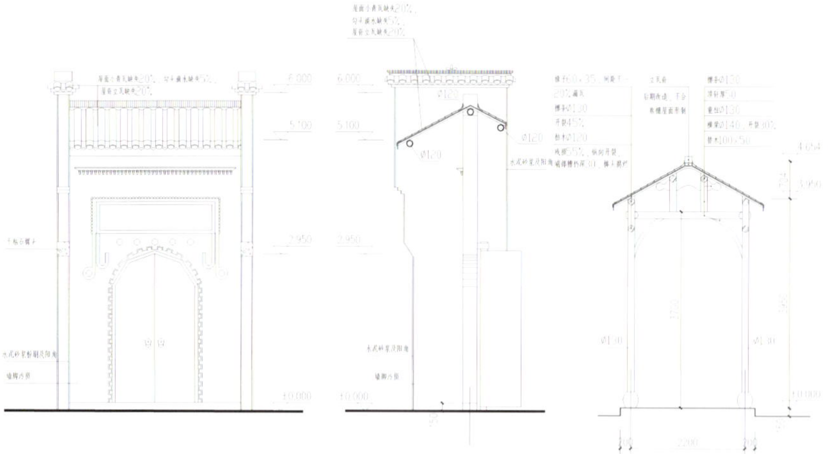

敬敷书院测绘、修缮图 5

敬敷书院院落内景

成为桐城派传承的重要空间，赋予敬敷书院在桐城派乃至清代文学发展史上以特殊历史意义。

敬敷书院碑廊

原安庆师范学校大门旧照

今敬敷书院院内雪景

旧址建筑风貌

安庆师范大学菱湖校区敬敷书院旧址为一片坐东朝西的清代建筑群，包括门坊、长廊、斋舍与碑廊，总建筑面积为 5 000 多

敬敷書院
全省重点文物保护单位
安徽大学红楼及敬敷书院旧址
安徽省人民政府
二〇〇四年十月二十八日公布
安庆市人民政府立
安庆市文物保护对象
敬敷书院旧址
安庆师范学院
人文素质教育基地
二〇〇〇年八月

敬敷书院门坊

平方米。

敬敷书院建筑为徽派风格，砖木结构。敬敷书院初建时，整个建筑群以长廊为中轴线，进门坊即为 80 米长廊，长廊两边（南北边）自西至东共布置 4 进斋舍（师生生活用房），长廊东端为大讲堂，讲堂两侧分别为经正阁和宗儒祠。经正阁和宗儒

1980 年 12 月将军、外交家、艺术家黄镇视察安庆师范学院·在敬敷书院大讲堂前

将军、外交家、艺术家黄镇在红楼

1980 年 12 月将军、外交家、艺术家黄镇视察安庆师范学院·在敬敷书院

将军、外交家、艺术家黄镇在敬敷书院教室与外语系学生交谈

游客在敬敷书院院内游览

祠在抗日战争时期毁于日军飞机轰炸。大讲堂因兴建学生宿舍于1983年被拆除，但保存了讲堂正梁，梁上有于荫霖手书“大清光绪二十三年岁次丁酉暮春穀旦 钦命江南安徽布政使司布政使于建”，此梁现存于安庆师范大学校史馆，墨迹清晰，保存良好。敬敷书院旧址现存门坊2座、长廊约50余米、斋舍4进6栋；每栋斋舍面阔6间，抬梁式结构，硬山式山墙，青砖灰瓦，木格窗棂，前后均有庑廊。1995 年，敬敷书院旧址被安庆市列为市重点文物保护单位，2004 年被确定为安徽省重点文物保护单位，2013 年入选第七批全国重点文物保护单位，2019 年入选第四批中国 20 世纪建筑遗产名录。

1933 年，省立安徽大学曾对敬敷书院校舍进行了大修。1998 年学校对门坊、长廊及斋舍按照旧制进行了整修，拆除了周边非古建平房，并进行了绿化，添加了假山、凉亭等，建设了南北文化碑廊；南边碑廊遴选了中国历史人物、安庆地方历史人物及历代校长等代表性人物共 30 位，北边碑廊遴选了王羲之、邓石如、毛泽东等 40 余位书画名家的作品；斋舍作为黄梅戏和校史校情展览馆。整修后的敬敷书院建筑群面貌焕然一新，为校园增加了浓郁的历史文化氛围。这里也成为开展爱国、爱校、兴校教育的德育基地，成为讲好师大故事、传播师大声音的宣传窗口，成为服务社会、教化人心和对外交流的文化殿堂。

敬敷书院院内建筑局部

敬敷书院长廊

敬敷书院内庭

学生在敬敷书院院内留影

敬敷书院旧址入口门头

敬敷书院旧址斋舍 1

敬敷书院旧址斋舍 2

敬敷书院旧址廊道（组图）

敬敷书院旧址细部（组图）

树影下的安徽大学红楼

弦歌不绝的安徽大学红楼

1928 年，国民政府安徽省政府在安庆师范大学菱湖校区现址上建立了安徽省立大学（后改为“安徽省立安徽大学”，简称“省立安大”），1946 年又建立了国立安徽大学（简称“国立安大”）。省立安大和国立安大期间，学校汇集了一大批国内知名学者，办学实力强劲，声誉日隆，直至与暨南大学、同济大学相当。红楼落成启用后，一直作为省立安大和国立安大的主教学楼使用，是无数学子汲取知识营养的殿堂，承载着无数大学生的青春记忆，成为近代安徽高等教育辉煌的历史见证。

安徽大学红楼石碑

2.1 红楼建造

安徽大学红楼位于安庆师范大学菱湖校区敬敷书院旧址西北边，1933 年设计，1934 年开工，1935 年竣工。现今红楼为一座坐北朝南、单体两层的砖木结构楼，坡顶，红陶瓦铺屋顶，红砖（机制）外墙，建筑面积 3 008.25 平方米，平面呈倒“山”字形，

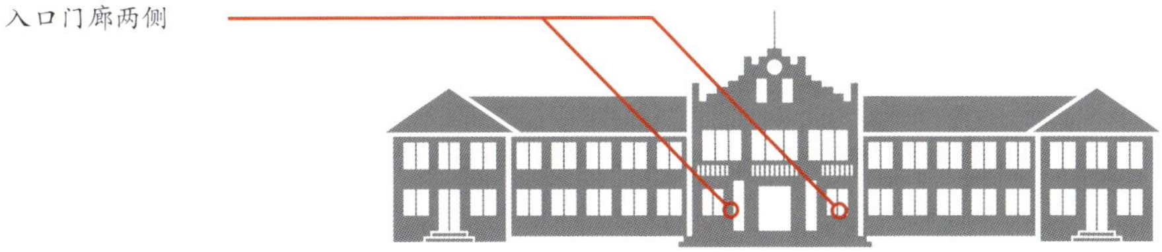

安徽大学红楼正门（组图）

安徽大学红楼局部

安徽大学红楼内保护单位铭牌

内有办公室、会议室等 81 间。主门位于中部，有钟楼及“山”形门坊，其以水磨石贴面并塑以精美的常青藤与葡萄花雕饰。门檐呈半圆形，门廊前有 6 根直径 1 米的仿柯林斯圆柱支撑二楼阳台。圆柱顶端亦有精美的雕饰。

省立安徽大学是当时安徽唯一的综合性大学。1928 年省立安大成立时，自有校舍只有两片旧房子，迫切需要建设新的教学大楼。

入口正面上层砖饰
入口侧壁牌匾
入口上层阳台(侧视)

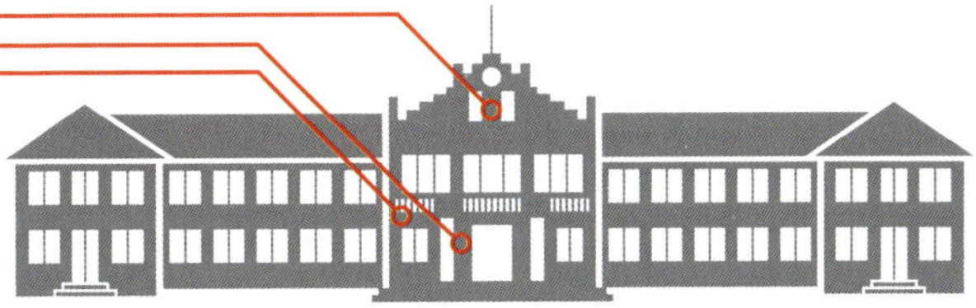

安徽大学门坊局部(组图)

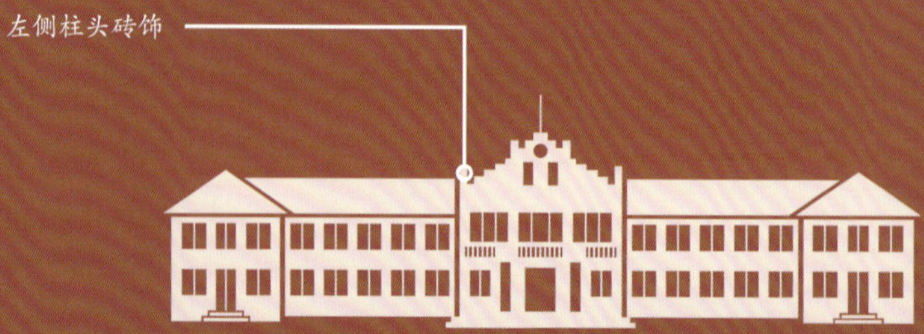
左侧柱头砖饰

右侧柱头砖饰

顶部右侧柱头砖饰

入口前廊左侧
仿科林斯柱式

1930 年秋，省立安大成立校舍建筑委员会，但因经费无着落，校舍建筑没有取得进展。1932 年初，省立安大改组建筑委员会，提出新校舍建筑计划并报安徽省政府，总预算为 15 万元。1933 年初，安徽省政府议决从省财政内拨 10 万元，省立安大自筹 5 万元兴

右翼红砖墙壁

右翼墙壁上窗构件

左翼墙壁上窗构件

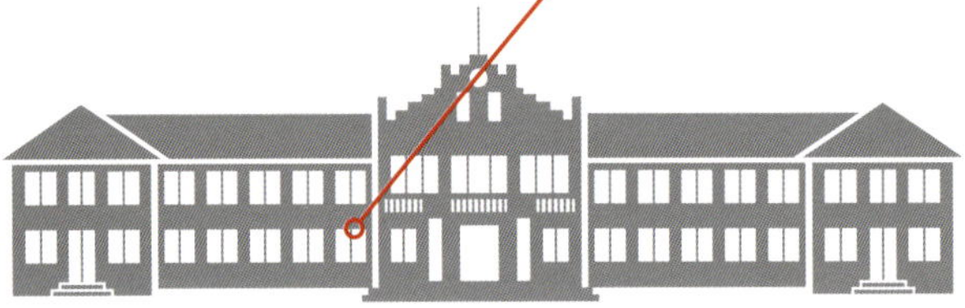

建校舍。

1933 年 5 月，省立安大领到安徽省政府发放的校舍建筑前期拨款 2.2 万元，校长程演生于 1933 年 10 月斥资 5747.7 元，在百子桥敬敷书院旧址西北边购地 11.3 亩（1 亩≈ 666.7 平方米，以下同），作为新大楼基址。新校舍大楼设计开始于 1933 年夏，程演生聘请上海大德营造公司刘湫芳工程师设计并绘图纸。设计

右翼墙壁上窗构件

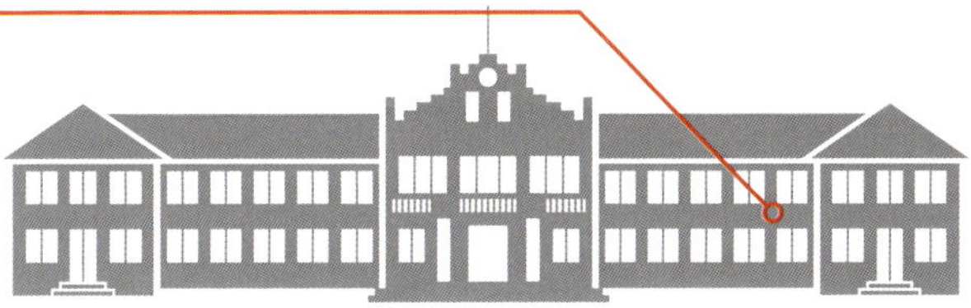

中新校舍有三大建筑：一是容纳 600 人的大礼堂；二是包括理化实验室的科学馆；三是教学大楼，包括图书馆和办公室，建筑主体为钢筋混凝土结构，设计为 3 层。1933 年 8 月，新校舍图样绘制完成，当年 11 月进行建设招标，南京缪顺兴营造公司以最低价格（21.2243 万元）中标。因标底超过预算 6 万多，程演生和学

左侧次入口及立面构造

左翼次入口及立面构造（组图）

右翼建筑前绿植及石造栏杆

校事务长胡子穆与缪顺兴营造公司协商，缪顺兴营造公司通过变更建筑形式来降低工程造价，即将大楼原设计的古铜色钢瓦、宫殿式屋顶，改为红陶瓦、一般坡顶；将钢质门窗改为洋木门窗，钢骨水泥柱改为砖柱；大楼正面泰山（门坊）上的花岗岩贴面，二、三层阳台马赛克贴面以及纱窗并皆除去；礼堂也做相应调整，连通三座建筑的钢筋水泥走廊改为砖木青瓦走廊。由此建造价格降至 18.4834 万元，但仍然超过预算 3.4 万元。程演生呈请安徽省政府追加预算，而安徽省政府则要求继续削减造价。1934 年初，傅铜校长继任以后，安徽省政府主席刘镇华与傅铜有同乡之谊，答应拨款 10 万元，但要扣去前期预拨的 2 万元。同年下学期拨款到账 6.6 万元，加上程演生移交建设费 1.02 万元，新大楼动工

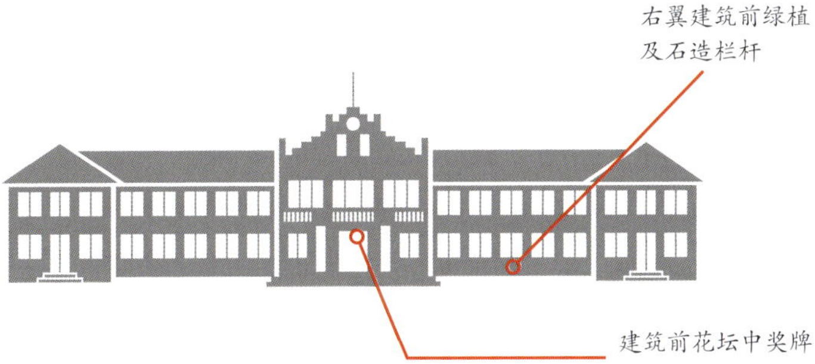

条件初步满足。

1934 年暑假以后，学校约缪顺兴营造公司来安庆商讨在现有经费条件下建设校舍事宜，对建造方案再次修改，礼堂、图书馆和科学馆暂不修建。教学大楼由 3 层改为 2 层，楼面改为人造石（水磨石），地板改为洋松木地板。7 月 10 日，确定建设造价为 9.3 万元，4 个半月完工，建设款随工程进度分 10 次支付，学校方建设款结清以后建设方交付大楼。1934 年 7 月 24 日，新大楼开工建设。大楼的地基是岗地，原是一个名叫许家小屋的村庄。北边是个小土丘，南边至北城墙边上的安合公路是 5 亩肥沃的菜地和

左翼建筑侧立面

安徽大学红楼外立面（局部，组图）

小水塘。傅铜筹款买下新大楼地基南边的 5 亩土地，为学校新大楼开辟了通往安合公路的出口。校报《安大周刊》称此举是“广宇天开、气象聿新”。1935 年 3 月，大楼建成竣工，傅铜欣慰地说：“大楼落成，迁居有日，从此逐渐兴筑，不再仰给邻屋，兹深可庆幸者也。”由于新造大楼通体采用机制红砖红瓦，因此人称“红楼”。1935 年 7 月傅铜辞任，李顺卿接任校长，继续多方筹款，终于在新学年开始时交清欠款，接收了大楼。1935 年 10 月 7 日，省立安大在敬敷书院礼堂举行新大楼落成启用仪式，学生社团从下午 3 点到晚上 11 点在礼堂举行游艺会。《安大周刊》出版了纪

安徽大学红楼外立面 2（局部）

右翼端头二层高窗

背立面室外阶梯

单位
楼
公布
单位
楼
务院

从入口前廊看建筑侧翼

安徽大学红楼内部 1（局部）

安徽大学红楼内部 2（局部）

安徽大学红楼内部走廊

安徽大学红楼内部3（局部）

安徽大学红楼内部楼梯

省立安徽大学 1929 年全体教职工合影

念专刊。

红楼落成以后，省立安大办学条件大大改善。红楼二楼为学校办公机关和图书室，一楼为教室。1938 年 5 月，日军入侵安庆，

安徽大学毕业生合影（组图）

红楼横遭灾祸。1949 年 7 月中旬，长江洪水泛滥，水位达到 18 米高位，安庆护城圩溃破，国立安大全校被洪水淹没，水位一度淹至红楼二楼阳台的地板。1954 年夏，长江发生百年不遇的洪水，安庆堤防再次溃破，红楼在 1.5 米深的洪水中再次浸泡了两个多月。此后至 1977 年，红楼相继成为安庆专区师范专科学校与安庆师范学校的教学楼。

國立安徽大學校刊
中華民國三十六年六月一日出版
近代數學思想

《国立安庆大学校刊》

自 1977 年恢复本科教育以后的 20 年里，红楼既是安庆师范学院的办公楼，也是文科教学楼，直到 1997 年菱湖校区主教学楼竣工启用为止。1998 年、2014 年，学校两次对红楼进行大修。红楼前后均为花园绿地，绿树环绕，有百年樟树、石楠、银杏等古木，有数棵高大的栀子花、蜡梅和桂花树，一年四季鸟语花香。20 世纪 80 年代，学校被安庆市人民政府授予“花园式单位”称号，2004 年以后多次被安徽省人民政府授予“安徽省文明单位”称号。

安徽大学全体教职员工合影

安徽大学红楼是安徽省高等教育发展史上的标志性建筑。今天的安徽大学、安徽师范大学、安徽农业大学等多所高校回顾校史时，都要追溯到红楼这座建筑，视其为各自学校的历史标志。今天，红楼用作安庆师范大学人文学院与黄梅剧艺术学院的行政办公楼。度过了近 90 个春秋的红楼，经磨历劫、淡定从容，仍在赓续百年初心、担当育人使命。红楼，是安庆师范大学百年办学、人才辈出、硕果满园“活”的见证。

2.2 革命场所

20 世纪初叶，中国革命风起云涌，其间在安庆师范大学菱湖

在红楼创办的学术期刊和爱国学生投身革命的老照片（组图）

在红楼从教的教师和红楼老照片（组图）

校区现址上办学学校就读的爱国学生，不断投身革命洪流中，涌现了参加安庆马炮营起义的志士熊成基、高语罕，广州起义烈士倪映典，黄花岗七十二烈士中的石德宽、程良、宋玉琳，辛亥革命四杰之一柏文蔚，辛亥革命志士范传甲、史沛然、张劲夫，抗日名将方振武等一大批仁人志士。省立安徽大学兴办后，爱国革命传统得到了继承和发扬，进步学生在此建立中共安大支部，俞昌准、王金林、陈一煌等还为中国革命献出了年轻的生命。红楼建成以后，不仅成为省立安大和国立安大莘莘学子的学习之处，也成为他们开展爱国进步运动的革命场所，成为中国共产党领导的安徽左翼文化运动、抗日救亡运动的重要策源地。

1935年10月红楼落成启用不久，中央红军经长征胜利到达陕北，中国抗日战争迎来新局面。1937年7月，全面抗战爆发，省立安大及时成立“战时后方服务队”，下设宣传、警卫、纠察、交通、救护、防空与消防、募捐与慰劳等7个班，负责搜集情报、辟除谣言、清查户口、侦查间谍、检举奸细、募集捐款、慰劳受伤军民等工作。原安大学生中共党员刘复彭和后亦斋等，发动进步学生组织“安徽省抗日后援会各县流动工作队”，队员达40余人，由刘复彭担任副队长。工作队深入各县开展抗日救亡宣传，组织农民抗战协会和妇女抗战协会等。1938年6月，日寇占领安庆，省立安大一大批学生投笔从戎，走上抗日斗争的第一线。

国立安大建立之初，南京临时大学的部分学生转入安大学习，其中有5名中共党员。他们组成中共安大党支部，支部书记为李昭定，副书记为刘玉浦，党员有尤继安、朱蒋生、蒋秉圻。另外，中共上海市委学委也直接领导了安大一批进步学生，如基群、黄真如、张燮文、段学辉、葛正民等，配合李昭定等开展活动。1946年底，北平“沈崇事件”发生后，党支部支持进步学生谴责美军暴行，激发师生的爱国思想。党支部还派党员在校内外组织读书会，宣传革命理论，并帮助进步学生成立菱湖学会、健身学会等组织，秘密传阅《新民主主义论》《苏联见闻》《西行漫记》以及解放区的书报刊物。

1947年5月中旬，在全国“反内战、反饥饿、反迫害”学生运动中，中共华东局派人与安大经济系进步学生基群等联系，指示他们发动学生响应北大学生号召。6月2日凌晨，朱蒋生、基群等同学在红楼秘密贴出《反内战总罢课宣言》。同学们看到宣言，自动响应，纷纷签名，校园里很快出现了拥护罢课的大字报、标语。一些进步教授，如阮有秋、潘怀素等也退堂罢教。学生们冲破反

安徽大学红楼老照片（组图）

安徽大学师生合影（组图）

右翼次入口及立面构造

入口门廊两侧衔接构造（组图）

安徽大学校内建筑老照片（组图）

动党团的阻挠，赢得了罢课斗争的胜利。

1948 年春，在全国革命形势迅猛发展的形势下，国立安大同意成立学生自治会。当时参加学生自治会竞争的有 3 个学生团体，

安徽大学校园航拍图

安庆沦陷期间，安徽大学红楼前的场地被改为农贸交易市场

其中大公竞选团成员主要是思想比较进步的学生代表，有着广泛的群众基础。中共安大党支部经过分析研究，决定支持并参加大公竞选团。在中共安大党支部的支持下，进步学生组织“助选团”，以唱歌、广播、出快报等多种形式，宣传“大公”的竞选主张。民主、公仆两竞选团尽管得到校方支持，公开拉票，甚至威胁学生，但民心所向，大势所趋，最终大公竞选团获胜。党支部为了加强对学生自治会的领导，派中共地下党员尤继安担任自治会的秘书长。这次竞选活动，使国立安大广大学生进一步团结在中共安大党支

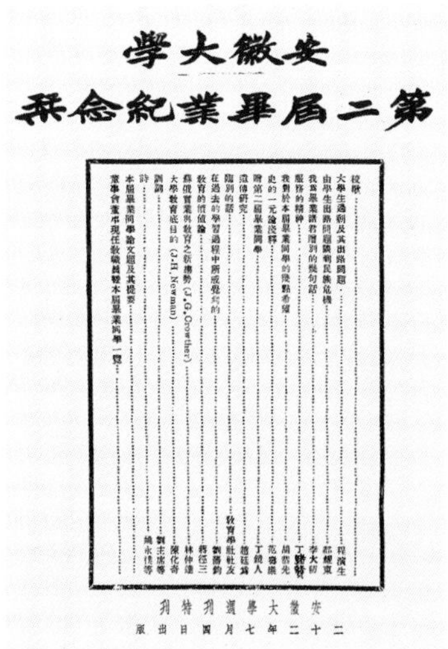

安徽大學
第二屆畢業紀念冊

校歌
大學生過剩及其出路問題……程演生
由學生出路問題談到民族危機……郝耀東
我為畢業諸君贈別的幾句話……李大防
服務的精神……丁緒賢
我對於本屆畢業同學的幾點希望……胡哲先
史的一元論淺釋……范壽康
贈第二屆畢業同學……丁鏡人
遺傳研究……趙廷炳
臨別的話……教育學社社友
在過去的學習過程中所感覺到的……劉蔭鈞
教育的價值論……蔣徑三
蘇俄實業與教育之新趨勢 (J.G.Crowther)……林仲達
大學教育底目的 (J.H.Newman)……陳化奇
訓詞……劉主席等
詩……綺永傑等
本屆畢業同學論文題及其提要
董事會董事現任教職員暨本屆畢業同學一覽

安徽大學週刊特刊
二十二年七月四日出版

安徽大学第二届毕业纪念册

部的周围，共同为争取民主自治和合法权益而斗争。

1948 年 5 月，国民政府教育部突然停发公立学校学生公费资助金，引起国立安大大部分学生的不满。中共安大党支部秘密在学生中组织“反饥饿”罢课活动。这次活动为期较长，影响较大，引起国民党特务组织对国立安大中共党支部的注意。1948 年 12 月，国民党当局准备于 10 日晚逮捕安大的进步学生。中共安大党支部根据上级通知，采取隐蔽疏散、积蓄力量、迎接解放的策略，400 多名学生在前一个晚上全部秘密离校，奔赴大别山解放区。

2.3 群英荟萃

省立安徽大学与国立安徽大学时期，学校均高度重视师资队伍建设和人才培养，安徽大学及其红楼成为大师云集、人才荟萃

红楼建筑 1（局部）

之地。

省立安大时期，几任校长都相继采取“先请大师、再建大楼”的方针。校长王星拱、杨亮功先后聘请何鲁、朱湘、苏雪林、冯沅君、陆侃如、陶因等著名学者执教安大；程演生继任校长后，又先后聘请周建人、范寿康、陈望道、刘大杰、汪静之、梅光迪、饶孟侃、周予同、赵景深、李顺卿等知名教授。省立安大每学期要举行10余次“总理纪念周”活动，纪念周也成为学术交流的平台。程演生就常安排本校学术上有成就的教授，如梅光迪、范寿康、陈望道、周予同、姚永朴等，在“总理纪念周”活动中轮流向全校师生做学术讲座，讲演稿在《安大周刊》上发表。程演生离开安大时曾欣慰地说，他执掌安大的最大功劳是“任上所请教授皆一时之硕彦”。省立安大还注意扩大教员队伍，减少职员数量，保持教师的优势地位。1935年10月，红楼落成启用庆典之时，全校聘有

红楼建筑2（局部）

特约讲师 2 人、教授 23 人、副教授 4 人、讲师 16 人、军事教官 3 人、体育指导 2 人、助教 6 人，总计教员共 56 人，而职员则仅有 37 人。

国立安大继承了重视教师队伍建设的传统。教员由校长聘任，以一年为一个聘期。国立安大教师队伍以教授、副教授为主体，3 年中，先后在安大任教的教授有 71 人、副教授 35 人。著名教授有吴亮夫、刘乃敬、齐坚如、乌以风、许杰、方重、束天民、潘重规、桂丹华等。1947 年 8 月，文学院还聘用加拿大人任纳（Wakelin）为特约讲师。国立安大 3 年共有 729 位学生毕业，其中 47 届 179

国立安大老校友回访母校合影

原安庆师范学院大门

人，48 届 218 人，49 届 332 人。

中华人民共和国成立前的 50 余年，学校先后历经敬敷书院、安徽大学堂、安徽高等学堂、省立安徽大学、国立安徽大学等办学阶段，这是学校办学历史上的辉煌时期，奠定了学校作为安徽高等教育发源地的地位。这段历史时期，敬敷书院旧址和红楼是一位位教师传道授业、薪火相传的见证，一批又一批学子从这里走出，走向更广阔的社会，投身教育事业、学术研究以及行政管理、工商交通等各行各业，房秩五、黄宾虹、胡寅旭、王星拱、高语罕、胡子穆、程演生、程振钧、梅光迪、陈撄宁、刘贻燕、邢公畹、金平等皆是各领域的翘楚，他们和灿若繁星的优秀学子一起，共同为国家和民族的进步作出杰出贡献。

安庆师范学校毕业生在红楼前合影（组图）

安庆师范学院毕业生在红楼前合影（组图）

安庆师范毕业生在红楼前合影（组图）

安庆师范训练班结业生在红楼前合影

中厅校训影壁

再谱华章的安庆师范大学

中华人民共和国成立后至改革开放初的30年，学校屡经拆并，几经变迁，但敬敷书院旧址与安徽大学红楼之间薪火传承，文脉未绝，先后开办海军联合学校、安庆师范学校、安庆专区师范专科学校和安徽师范大学安庆教学点、安徽师范大学安庆分校。1980年以来，学校又经历了从安庆师范学院到安庆师范大学的跃升，踏上了建设高水平大学的新征程。

3.1 从师院到师大

1977年秋，安徽省委文教部、安徽省高教局根据党中央及教育部《关于一九七七年高等学校招生工作的意见》精神，决定依托省内大学创办大学教学点。经省革命委员会批准，决定停办安庆师范学校，在安庆师范学校的基础上建立安徽师范大学安庆教学点。1979年，教学点又改为安徽师范大学安庆分校。

1980年5月6日，国务院和教育部批准建立安庆师范学院的文件正式下达，敬敷书院旧址和安徽大学红楼见证了校园再焕风采。1980年10月14日，安庆师范学院隆重举行建院庆祝大会，安徽省副省长魏心一专程出席并代表省委省政府讲话，对安庆师范学院的建立表示祝贺。学校在申办安庆师范学院的过程中，多次得到时任中共中央宣传部副部长、中华人民共和国文化部部长黄镇的关怀和支持。黄镇不仅为学校题写了校名，还于1980年

红楼建筑 3（局部）

12 月和 1988 年 5 月两次到学院考察指导工作。

1981 年经国务院批准，学院首批获得学士学位授予权。1998 年夏，学校隆重举办了办学百年校庆，检阅百年育人的贡献与成果。

进入 21 世纪，学校在办学规模、办学层次、办学实力等方面取得新突破。2001 年，学校启动龙山校区建设工作。2003 年新校区开始启用，学校进入两校区办学新阶段。学校 2006 年获批硕士学位授予权，2007 年以优秀成绩通过了教育部本科教学工作水平评估。

2016 年，经教育部和安徽省政府批准，学校更名为安庆师范大学。学校坚持“地方性、应用型、有特色、高水平”的办学定位，坚持“举师范旗，走应用路，创特色牌”的发展思路，抢抓“双一流”建设机遇，强化服务地方使命担当，全面推动内涵式发展，各项建设迈上了新台阶。2017 年，学校进入安徽省一本招生行列。2018 年，学校顺利通过了教育部本科教学工作审核评估。2019 年，学校获批博士学位授予单位立项建设高校。

学校经过多年持续建设，现有两个校区，占地面积共 2800 亩，设有 17 个二级学院，77 个本科专业，涵盖文学、经济学、历史学、法学、教育学、理学、工学、管理学、农学、艺术学等 10 大学科专业门类；有国家级一流本科专业建设点 9 个、省级一流本科专业建设点 18 个，一级学科学术硕士学位授权点 11 个，专业学位硕士授权类别 11 个，省级科研平台 19 个，“资源与环境”“戏

安庆师范大学校内的老建筑 1

安庆师范大学校内整修一新的老建筑内部（组图）

曲与曲艺”2 个学科获批安徽省高校应用型高峰培育学科。学校现有教职工 1800 余人，具有副高级以上专业技术职称的有 670 余人；拥有国家级教学名师、省级教学名师、享受国务院和省政府特殊津贴专家、省学术技术带头人及后备人选、省皖江学者特聘教授等各类优秀人才 180 余人。全日制在校生 30000 余人（统计数据截至 2023 年 9 月）。

敬敷书院旧址和安徽大学红楼再次见证了学校奋进新时代、阔步新征程、为建设特色鲜明的高水平大学而奋斗的历程。

3.2 国家大学生文化素质教育基地

新时期，敬敷书院和安徽大学红楼弘文励教的传统得到了继承和发扬，学校形成较为鲜明的文化育人特色。学校是全国精神文明建设先进单位、全国普通高校中华优秀传统文化传承基地、全国学校艺术教育工作先进单位，是 6 届安徽省文明单位、安徽省高校“三全育人”综合改革试点单位、安徽省普通高校毕业生就业工作先进集体、中西部高校基础能力建设项目入选学校。

2006 年，学校发挥敬敷书院百年以来的办学历史优势，充分利用地域文化、校本文化、教师教育、服务地方基础教育等丰富资源，申报并成功获批教育部国家大学生文化素质教育基地。基地建设以全面贯彻党的教育方针、弘扬社会主义核心价值观为根本指南，落实立德树人的根本任务，以培养德智体美劳全面发展，适应时代要求，具有创新精神、实践能力和社会责任感的高素质人才为根本宗旨，将“四为”教育理念和“三修”教育工程结合起来，将继承优良历史传统和弘扬时代精神结合起来，将文化素质教育落实到人才培养的全过程和教育、教学各环节，促进大学生的思想道德素质、文化素质、专业素质和身心素质协调发展，实现学生的成长、成人、成才、成功。

近年来，基地培养体系逐渐完备，建设成果日益丰富，学术特色更加鲜明，陆续形成一批高质量的文化素质教育理论研究成果，开发和引进了一批文化素质教育优质课程资源，推出一批文化品牌活动，进一步弘扬了优秀传统文化，发挥了文化环境的育人功能，有效提高了大学生文化素质，探索出一条大学生文化素质教育基地特色发展路径，成为新时代新型大学生素质教育理论研究基地、大学生素质教育课程培育基地、大学生素质教育实践活动示范基地、大学生素质教育特色展示基地。

红楼建筑 4（局部）

敬敷书院和红楼兴建的百年初心，在国家大学生文化素质教育基地建设中汲取了新的活力，焕发出新的生机，发挥了它们新的时代价值。

3.3 传承优秀文化 服务经济社会发展

传承优秀文化

学校充分发挥安庆国家历史文化名城特有的地域文化资源优势，积极推进优秀地方文化的传承创新。敬敷书院的独特魅力、红楼的大师精神，仍是安庆师范大学学子的精神土壤和力量源泉。

学校依托桐城派、黄梅戏等丰富的地方文化资源，在文化传承创新上取得突出成绩。学校以皖江历史文化研究中心、桐城派与桐城文化研究中心等省校级人文社科重点研究基地为平台，在桐城派与传统文化研究、皖江历史人物研究、皖江文献整理研究等方面形成了鲜明的学术特色，出版了《一门三杰——陈独秀和他的两个儿子》《皖江文化史》《桐城派名家年谱》以及《桐城续修县志》（道光）等多部著作，其中《皖江文化史》《桐城派名家年谱》等著作在皖江文化研究领域产生较大影响。学校学报

红楼门廊局部

还专门开设了《桐城派研究》《陈独秀研究》等特色专栏。《陈独秀研究》栏目被评为“全国高校社科期刊特色栏目”，《桐城派研究》栏目评为“全国高校社科期刊特色栏目”、华东地区期刊“优秀栏目”、安徽省期刊“精品栏目”。学校还专门开设“安庆师范大学与皖江文化”“从方以智到邓稼先”等具有安庆地域文化特色的校本公共课程，以及“陈独秀研究”“安庆与近代中国”“桐城派研究”等校本选修课程。

学校以服务国家非物质文化遗产传承与创新为己任，成立黄梅剧艺术学院。黄梅剧艺术学院现任院长为著名黄梅戏表演艺术家、国家一级演员、国家级非物质文化遗产项目黄梅戏代表性传承人、中国戏剧家协会副主席、安徽省戏剧家协会主席、中国戏剧“梅花奖”二度得主韩再芬女士；建设有安徽省人文社科重点研究基地——黄梅戏艺术发展研究中心，开设全国唯一的黄梅戏表演、编导本科专业。黄梅戏表演专业为国家级特色专业、国家级一流本科专业建设点，获批安徽省高校应用型高峰培育学科、国家级人才培养模式创新实验区、中央与地方共建高校优势特色

安庆师范大学校内的老建筑2（局部，组图）

学科实验室，成功入选“安徽省非物质文化遗产黄梅戏教育传习基地”。学生在国家级艺术大赛中屡屡获奖，多次荣获“七仙女形象大使”“黄梅之星”“黄梅新星”等称号。学校还成立了黄梅戏艺术团，广泛开展“黄梅飘香”校园文化活动，精心组织“高雅艺术进校园活动”，推进黄梅戏的传承和发展，努力打造特色精品“文化工程”，在省内外产生较大影响力。

人文学院服务于学校“优势文科”战略，黄梅剧艺术学院服务于学校“特色兴校”战略，作为人文学院和黄梅剧艺术学院行政办公所在地的安徽大学红楼，担当起传承优秀传统文化、落实立德树人任务的新使命。

服务经济社会发展

面向社会，倡导经世，是在敬敷书院和安大红楼中一直留传的办学精神。学校扎根江淮大地办学，全力服务地方经济社会的

安庆师范大学校内的老建筑3（局部）

发展。

学校积极融入长三角一体化高质量发展战略与“三地一区”建设，围绕大别山革命老区、长江经济带建设等国家战略需求，增强服务地方社会和区域经济发展的能力,主动适应国家“双一流”建设发展战略，紧紧抓住国家建设高端智库的重大机遇，成立大别山区域发展研究院和安庆发展研究院，对大别山暨安庆地区经济社会发展的重点、热点和难点问题进行多学科、协同性、前瞻性研究，为建设自立自强的科技强省、智能绿色的制造强省、高质高效的农业强省、山水秀美的生态强省、英才荟萃的人才强省、人民满意的教育强省、繁荣兴盛的文化强省，促进安庆乃至安徽经济社会发展，提供有力的支撑。

学校精准服务安庆主导产业，积极搭建协同创新平台，成立化工新材料产业学院、人工智能产业学院、智能制造产业学院、技术转移中心等机构，优化科技成果转化审核和公示机制，推动师生参与校企横向课题合作和科技成果转化；创新打造“校地联动 四员协同”科技成果转化新模式，遴选专业教师为科技特派员，服务地方产业发展。学校与地方产学研项目合作、经费落实、成果转化的数量逐年递增。学校获批国家知识产权信息公共服务网点，连续荣登安徽省发明专利百强排行榜。

学校在全省高校中率先开展顶岗支教工作，首创“望江模式”，实施高师教育与基础教育名师互聘、干部互派、科研互动、资源互通的以“四互”为主要内容的“双进”工程，有效服务地方基础教育和基层管理；成立“青年实践服务中心”，推进大学生志愿服务“四进”工程，每年选派志愿者担任社区居委会主任助理、村委会主任助理和农村、中小学法治宣传员，开展“一对一”义务家教、七彩课堂、周末课堂、残障儿童帮扶等志愿服务；推进“大

安庆师范大学校内的老建筑 4（局部）

学生志愿服务西部计划”和“安徽基层服务计划”，每年参加社会实践活动的人员近万名，获评“全国大学生志愿服务西部计划优秀项目”以及“全国暑期‘三下乡’社会实践活动先进单位”和“镜头中的‘三下乡’”优秀组织单位。

3.4 人文社科新成果

敬敷书院旧址和安徽大学红楼是省立安大和国立安大开展学术活动的重要场所。也是在这里，安庆师范大学学子开展关于世界观、人生观、价值观的大讨论；还是在这里，安庆师范大学主办了全国首届“方以智与明清文化研讨会”及其他学术会议。新时期，安庆师大人继续着力科学研究，推动学术创新。

学校实施学科强校战略，以学科建设为龙头，围绕皖江流域、皖江文化等重点研究领域，激活科研创新动能。学校获批 2 个安徽省高校应用型高峰培育学科，为高水平大学建设注入新活力。科研平台建设取得明显进展，学校建有财政部中央与地方共建高校特色实验室——黄梅戏表演艺术实训基地，教育部人文社科重点研究基地中国诗学研究中心安庆师范大学分中心、徽学研究中心安庆师范大学分中心，安徽省中国特色社会主义理论体系研究中心、皖江历史文化研究中心和黄梅戏发展研究中心等省级社科研究基地，省级智库“安徽优秀传统文化研究中心”、省级哲学社会科学重点实验室“皖江文化数字化保护与智能处理实验室”，以及桐城派与桐城文化研究中心、习近平新时代中国特色社会主义思想研究中心、文化产业发展研究中心等。2023 年，学校还新增大别山语言文化研究中心、新时代党的创新理论研究中心、六尺巷和解文化研究中心、安徽戏曲音乐研究平台、安徽大别山区域乡村薄弱学校改进及教师专业成长研究中心、中国中古史研究中心等 20 多个校级科研平台。国家级、省级、校级三级科研平台架构体系渐趋成熟。

学校关注20世纪中国及安庆地方物质文化遗产和非物质文化遗产的传承和创新发展，并取得一大批成果。学校获批“黄梅戏的改革与传承研究”“文化家族视域下的桐城派研究”“桐城派名家史学思想研究”“地方戏传承的民俗学研究”“桐城派《文选》评点研究”“徽班文献资料整理与研究”等诸多着力地方优秀文化遗产的国家社科基金及教育部重大项目，《安庆师范学院与皖江文化》《皖江近现代高等教育人物研究》《校史校情：高校德育的宝贵资源和生动教材》《安庆师范学院百年校魂的当代教育意义》《皖江文化的特点——与淮河文化、徽州文化比较》《敬敷书院与皖江文化的和合内涵》《古城安庆与中国近代化》《姚鼐对敬敷书院的贡献及其启示》《汪宗沂主讲敬敷书院时间及相关问题考论》《王宽、吾祖望主讲敬敷书院考》《陈望道在省立安徽大学的一次演讲》《国立安徽大学地下读书会钩沉》等人文社科新成果均触及甚至具体、深入探寻了敬敷书院、安徽大学及其红楼中的历史真相。学校申报的“构建校园文化新载体，‘百年校魂’教育结硕果”“大力开展‘百年校魂’教育 激发大学生‘四爱’热情”等屡获全国高校校园文化建设优秀成果奖。

编后记
走进安徽教育的文化记忆体

/ 金磊

2019 年，在东南大学举办的第四批中国 20 世纪建筑遗产项目推介会上，安庆师范大学敬敷书院旧址·红楼入选，这是安庆的第一个中国 20 世纪建筑遗产项目，在当时无疑是备受关注的。其之所以成为安庆第一个 20 世纪建筑遗产项目，体现了 20 世纪建筑遗产委员会专家委员的学术视野。自 2017 年池州祁红润思老厂房入选第二批中国 20 世纪建筑遗产后，带动了文化池州的建设。在我结识的领导专家中，知晓安庆师范大学敬敷书院旧址·红楼的人士很多，20 世纪建筑遗产委员会组织专家组现场考察，对其高度评价，这也让敬敷书院旧址·红楼入选中国 20 世纪建筑遗产项目名录实至名归。

安庆师范大学敬敷书院旧址·红楼是 2013 年第七批全国重点文物保护单位，其建筑遗产价值显而易见。从安庆师范大学敬敷书院·红楼的建筑本体与在其中发生的历史事件出发，中国文物学会 20 世纪建筑遗产委员会曾组织专家团队两赴校园调研，受到校领导及档案馆的热情接待，研究并探讨校园的历史文化特征如何服务安庆城市文化振兴、如何服务中国 20 世纪建筑遗产项目的文化建设。

2023 年 5 月 17 日，天降大雨，专家组一行造访安庆师范大学。在副校长徐晓宁、档案馆馆长、人文学院院长的陪同下，专家组仔细参观考察了安庆师范大学红楼。红楼原为 20 世纪三四十年代省立安徽大学和国立安徽大学的主教学楼，现在位于安庆师范大学菱湖校区。专家组了解了仍使用红楼办学的安庆师范大学人文学院的发展，并详细听取了徐晓宁和人文学院院长的讲述，感受到红楼建筑的不凡，产生了对安庆师范大学红楼的敬意。专家组还先后考察了同仁医院旧址，拜谒了陈独秀诞生地遗址。

2023 年 8 月 9 日，专家组全面展开安庆近现代建筑遗产调研，再赴安庆师范大学红楼，并考察了修缮中的敬敷书院。当天骄阳似火，在碧日蓝天下，红楼光影更

中国文物学会20世纪建筑遗产委员会考察安庆师范大学时在红楼前合影（2023年5月17日）

考察组在陈独秀诞生地合影（2023年5月17日）

显壮丽。专家组在与副校长申传胜的交流中，建议于2023年11月在安庆由安庆师范大学举办20世纪建筑遗产传承创新研讨会，本人也介绍了20世纪建筑遗产丰富的人文性以及对提升历史文脉的价值。至12日，考察组完成了对安庆诸地20多个项目的调研，感悟最深的当属那些有历史故事、曾发生重大事件的教育场所。

在2023年8月25日刊发的《安庆师范大学》校报上，校党委书记许继荣、校长彭凤莲以“当立凌云志，莫负好年华”为题发表致新生寄语，从中可了解到安庆师范大学历史悠久，是安庆高等教育的发源地。126年前，安徽最大的省学——敬敷书院移建于菱湖之滨，开启了长达两个甲子的办学历程。其校训“敬敷 世范 勤学 笃行”体现了百年办学的传统，起于“敬敷”，迄于“笃行”，揭示了教、学的次弟与规律。现在的校名是安庆师大的重要标识，因为它由安徽桐城（今枞阳）人、外交家、艺术家，曾任中共宣传部第一副部长、文化部部长的黄镇将军题写。1980年、1988年黄镇曾两次回到学校看望全校师生。教育空间不同于生活空间，其文化记忆也许更为深刻，有较强的文化积累与意识增强的痕迹。英国作家约翰·罗斯金在其《建筑的七盏明灯》一书中说，记忆是建筑的重要功能之一，“没有建筑，我们照样可以生活；没有建筑，我们照样可以崇拜；但是没有建筑，我们就失去记忆”。红楼与敬敷书院存在的真正价值，不仅是顽强地保存着安徽高等教育百年记忆，还以其

考察组与安庆师范大学领导座谈交流（2023年5月17日）

考察组再访安庆师范大学（2023年8月9日）

丰富的实践与故事记载着不应被遗忘的历史。

《高等教育珍贵遗存：走进安庆师范大学敬敷书院旧址·红楼》一书讲述了安徽高等教育发端的记忆场所，它以20世纪建筑遗产的名义赋能城市文化振兴。如何为安庆发展赋能？答案是以文润心，提升文脉的育人功能，这是可涵养出的最基本、最深沉而又最持久的文化之力。高校教育建筑遗产是20世纪建筑遗产的重要内容，其保护研究要点可从物质到精神，从物质“点”到保护“片”，从保护物理属性到服务公众需求等方面获得。这些可从《中国文物古迹保护准则》（2014年版）中得到启示。

有位哲人讲过，历史保存不是多愁善感，而是让历史成为精神上的必需品。与安庆城市文脉的传承相比，安庆师大教育建筑遗产具有相对完整的机构沿革属性和建筑群，完全可以从遗产的社会价值和文化价值上进行更深的挖掘。大学建筑遗产作为具有重要历史价值的不可移动文物，对其研究要集中在保护与活化利用上，要体现在对建筑价值的评价、保护策划和校园的可持续发展上。针对安庆师范大学的历史地位与深厚文化，从大学层面、学生层面、历史实践层面、城市层面等展开分析，我们不仅找到了其校园以红楼及敬敷书院为中心的空间核心格局，也记录下安庆师范大学的总体建筑布局与环境景观之发展，从而体现出高校建筑所代表的时代精神。

感谢安庆师范大学档案馆及各位编委的辛苦付出，《高等教育珍贵遗存：走进安庆师范大学敬敷书院旧址·红楼》一书有引领读者通读经典之作用，可以给师生带来从建筑视野看红楼的新方式。同样，敬敷书院作为清代安徽最富盛名的官办书院，其不仅为安徽大学的前身，也被学术界、文化史志界认定为安徽近代高等教育的发端，从建设中华民族现代文明的当代遗产观入手，它的确支撑着安庆师范大学的根脉。《高等教育珍贵遗存：走进安庆师范大学敬敷书院旧址·红楼》一书不仅是一本安庆教育史志，而且是全面展示安庆地域20世纪遗产的文化普及读本，读者从中可以读懂中国安庆的近现代文化发展史。大学、大城，在安庆师范大学这个载体上有了最好的诠释。

中国文物学会20世纪建筑遗产委员会率专家组走进安庆师范大学，不仅与各位档案馆、人文学院领导及专家共同策划了相关文化系列建设方案，更希望20世纪遗产能以红楼与敬敷书院为个案，在安庆师范大学乃至整个安徽讲好中国20世纪遗产建筑的文化故事，赋予地域建筑文化更多高质量的学术交流机会。也许这恰恰是一个学术机构进行有价值的研究与传播的出发点。

金磊

中国文物学会20世纪建筑遗产委员会副会长、秘书长

中国建筑学会建筑评论学术委员会副理事长

《中国建筑文化遗产》《建筑评论》“两刊”总编辑

2023年9月30日

安庆师范大学百年办学历任校级领导名录

办学名称	职务称谓	姓名	任职时间	备注
敬敷书院	山　长	阮　强	1897—1901 冬	二人同长
		胡元吉	1897—1901 冬	
安徽大学堂（安徽高等学堂）	总　办	刘葆良	1903—1905	
	监　督	严　复	1906-03—1907-06	
	监　督	洪思亮	1907-07—1911	
安徽武备学堂	总　办	桂　埮	1902—?	为安庆知府兼任
	会　办	徐锡麟	1905 冬—1906	
安徽陆军学堂	监　督	徐锡麟	1906—1907-07	为加任（兼任）
安徽省立女子蚕桑讲习所	校　长	刘世杰	1907—?	
安徽省公立法政专门学校	校　长	张鼎臣	1919 冬—1920-01	被法专学生驱逐出校
	校　长	胡寅旭	1920-03—1920 冬	
	校　长	光明甫	1920 冬—1921 冬	
	校　长	徐光炜	1921 冬—?	
	校　长	光明甫	1924—1926-10	
安徽大学	校　长	姚永朴	1926-10—?	当时安大尚在筹办之中
	文法学院院长兼预科主任	刘文典	1927-09—1928-12	初为主持筹备者，1928 年 8 月主持校务。当时安大未设校长
安徽省立大学	校　长	程天放	1929-01—1929-06	省教育厅长兼任
	校　长	王星拱	1929-06—1930-06	
安徽省立安徽大学	校　长	杨亮功	1930-06—1931-06	
	校　长	何　鲁	1931-07—1931- 冬	代理
	校　长	程演生	1932-04—1934-01	
	校　长	傅　铜	1934-01—1935-07	
	校　长	李顺卿	1935-08—1938 春	
	主任保管委员	汪洪法	1938-03—1939 夏	
国立安徽大学	筹委会主任	朱光潜	1946-01 任命	辞，未到任
	校　长	陶　因	1946-04—1948-07	1946 年 4 月至 1946 年 9 月为筹委会主任
	校　长	杨亮功	1948-07—1949-03	
	首席军代表	靳树鸿	1949-06—1949-10	
	校务委员会主任	张效良	1949-06—1949-10	
中国人民解放军海军联合学校第三分校	政　委	谭天哲	1952—1953-06	
	副校长	李玉萍	1949-12—1953-06	主持学校工作，1950 年底以前为教育长
	副政委	何力山	1952—1953-06	

安庆师范大学百年办学历任校级领导名录

续表

安庆师范学校	校 长	朱启宇	1949-12—1951 春	专署文教科长兼任
	校 长	李子恒	1951 春—1951 秋	专署文教科长兼任
	校 长	李泉霖	1951 秋—1956-07	1952年5月至1956年7月，以专署文教科长职兼任
	校 长	魏展中	1956-07—1957	
	校 长	钱翎青	1959-12—1960 秋	师专副校长兼任
	副校长	李菀民	1950-02—1950 冬	
	副校长	李泉霖	1950 初—1951 秋	
	副校长	金　星	1952-10—1957	
	副校长	程　静	1954 春—1957	代理
	副校长	徐　飞	1957—1959-12	
	副校长	孙茂泽	1959-12—1962-08	1960 年师范学校撤销后，孙全面负责在该校基础上创办的教师进修学校各项工作
安庆专区师范专科学校	党委书记	杨尚宇	1960-03—1962-08	地委常委、宣传部长兼
	副书记	徐芸夫	1960-03—1962-08	
	副校长	钱翎青	1959-12—1962-08	待考证
安庆师范学校	校 长	魏展中	1964-02—1966	
	革委会主任	叶阳生	1968-08—1972-09	
	革委会主任	武世鸿	1972-09—1978 夏	
	副校长	孙茂泽	1962-08—1977 秋	1968 年后称革委会副主任
	副校长	叶阳生	1962-08—1966 1972-09—1977 秋	1972 年 9 月后称革委会副主任
	革委会副主任	殷国建	1972-09—1977 秋	
	革委会副主任	刘建国	1976- 初—1977 秋	
安徽师范大学安庆教学点	校 长	武世鸿	1977 秋—1978 夏	教学点延用师范学校的领导机构及称谓
	校 长	刘和武	1978-08—1979-08	
	副校长	孙茂泽	1977 秋—1979-08	
	副校长	叶阳生	1977 秋—1979-08	
	副校长	刘建国	1977 秋—1979-08	
	副校长	李子恒	1979 春—1979-08	
安徽师范大学安庆分校	党委书记	张友奇	1979-11—1980-05	
	副书记	李子恒	1979-11—1980-05	
	行政负责人	李子恒	1979-11—1980-05	
		刘和武	1979-08—1980-05	

安庆师范大学百年办学历任校级领导名录

续表

安徽师范大学安庆分校	行政负责人	陈盛业	1979-08—1980-05	分校由李、刘及来校蹲点的地委宣传部副部长陈盛业共同负责学校行政工作
安庆师范学院	党委书记	张友奇	1980-06—1983-10	地委副书记兼
		朱建华	1983-10—1994-08	
		丁伯华	1994-08—2004-07	1998 年 11 月至 1999 年 8 月，主持行政工作
		赵晓和	2004-07—2010-04	2008 年 1 月至 2013 年 1 月，任第十届安徽省政协常委、委员
		何小祥	2010-04—2015-12	2013 年 1 月至今，任第十一届安徽省政协常委、委员
		许继荣	2015-12—2016-03	
	院长	邓其封	1987-09—1992-09	
		张　铃	1992-09—1993-05	
		丁伯华	1999-08—2002-07	2002 年 12 月至 2007 年 12 月，任第九届安徽省政协常委、委员
		汪青松	2002-07—2008-11	
		朱士群	2010-01—2014-08	2009 年 3 月至 2010 年 1 月任副院长，主持行政工作
		闵永新	2014-11—2016-03	
	党委副书记	李子恒	1980-06—1983-10	主持工作
		朱建华	1980-06—1983-10	
		黄学传	1983-10—1992-07	
		邓其封	1987-09—1992-09	
		张　伟	1992-08—1996-06	
		汪良发	1994-08—2003-06	
		郭化兰	2002-01—2006-12	
		汪青松	2002-07—2008-11	
		朱士群	2009-02—2014-07	
		殷　红	2009-02—2016-03	
		闵永新	2014-11—2016-03	
	纪委书记	刘和武	1991-04—1994-11	
		包荟粱	1994-11—1998-07	
		时新中	1998-07—2002-11	
		殷　红	2002-10—2016-03	

安庆师范大学百年办学历任校级领导名录

续表

安庆师范学院	副院长	李子恒	1980-06—1983-10	主持行政工作
		陈盛业	1980-06—1983-10	
		张智珊	1981-01—1983-10	
		吴东之	1981-11—1983-10	
		徐际鸿	1983-10—1989-04	主持行政工作
		王德璋	1983-10—1984-10	
		韩永荣	1984-10—1987-09	
		姜彦鹏	1987-11—1991-12	
		张　铃	1991-04—1992-09	
		陈自诚	1992-09—1998-07	
		汪良发	1992-09—1994-09	
		黄金余	1995-06—2002-04	
		汪青松	1998-06—2002-07	
		储国定	2000-08—2007-08	
		王海燕	2002-11—2010-10	
		时新中	2002-11—2011-07	
		张　群	2007-08—2016-03	
		朱士群	2009-04—2010-01	主持行政工作
		闵永新	2007-10—2014-11	
		汪时珍	2011-02—2016-03	
		刘友忠	2012-07—2016-03	
安庆师范大学	党委书记	许继荣	2016-03—	
	校长	闵永新	2016-03—2022-12	
		彭凤莲	2023-01—	
	党委副书记	闵永新	2016-03—2022-12	
		殷　红	2016-03—2016-04	
		吴照明	2021-06—2022-04	
		崔　明	2022-06—	
	纪委书记	殷　红	2016-03—2016-04	
		胡腊香	2017-07—2022-02	
		秦　朗	2022-12—	
	副校长	张　群	2016-03—2019-03	
		汪时珍	2016-03—2022-12	
		刘友忠	2016-03—	
		吴　琼	2020-07—	
		肖　新	2022-06—	
		徐晓宁	2022-12—	
		申传胜	2022-12—	

参考文献

[1] 汪青松，王先民，吴毅安 . 安庆师范学院 110 年发展史 [M]. 合肥：安徽人民出版社，2008.

[2] 安徽师范大学校史编写组 . 安徽师范大学校史 [M]. 合肥：安徽人民出版社，2010.

[3] 张帆 . 安庆旧城空间结构的调整与优化研究 [D]. 南京：东南大学，2006.

[4] 汤德伟 . 姚鼐对敬敷书院的贡献及其启示 [J]. 文学教育，2014(8):10-111.

[5] 方晓珍 . 皖江名人资源开发与安庆旅游产业发展 [J]. 江淮论坛，2009(4)：186-191.

[6] 戴和圣，李震 . 敬敷书院：赓续皖江文脉 [N]. 学习时报，2022-12-11(6).

[7] 吴毅安 . 沧桑八十说红楼 .（2015-03-30）[2023-10-24] . https://www.aqnu.edu.cn/info/1004/12519.htm.

《高等教育珍贵遗存：走进安庆师范大学敬敷书院旧址·红楼》编委会

图书在版编目（CIP）数据

高等教育珍贵遗存 ：走进安庆师范大学敬敷书院旧址·红楼 ：中国文物学会20世纪建筑遗产委员会指导 / 安庆师范大学编著. -- 天津 ：天津大学出版社，2023.11

中国20世纪建筑遗产项目. 文化系列

ISBN 978-7-5618-7630-5

Ⅰ. ①高… Ⅱ. ①安… Ⅲ. ①安庆师范大学－教育建筑－介绍 Ⅳ. ①TU244.3

中国国家版本馆CIP数据核字（2023）第206633号

图书策划：金　磊　苗　淼
策划编辑：韩振平工作室　韩振平　朱玉红
责任编辑：刘博超
装帧设计：朱有恒

GAODENG JIAOYU ZHENGUI YICUN : ZOUJIN ANQING SHIFAN DAXUE JINGFU SHUYUAN JIUZHI • HONGLOU

出版发行　天津大学出版社
地　　址　天津市卫津路92号天津大学内（邮编：300072）
电　　话　发行部：022-27403647
网　　址　www.tjupress.com.cn
印　　刷　北京盛通印刷股份有限公司
经　　销　全国各地新华书店
开　　本　720 mm × 1010 mm　1/16
印　　张　8
字　　数　70千
版　　次　2023年11月第1版
印　　次　2023年11月第1次
定　　价　78.00元